Zakia Yahiaoui

La ménopause

Zakia Yahiaoui

La ménopause

Éditions Vie

Imprint

Cover image: www.ingimage.com

Publisher:
Éditions Vie
is a trademark of
Dodo Books Indian Ocean Ltd. and OmniScriptum S.R.L publishing group

120 High Road, East Finchley, London, N2 9ED, United Kingdom
Str. Armeneasca 28/1, office 1, Chisinau MD-2012, Republic of Moldova, Europe
Printed at: see last page
ISBN: 978-613-9-59176-3

Table des matières

Chapitre I : Généralités

I-1-Définition :

La femme, entre l'Age de 45 à 55 ans, vit la période de ménopause qui représente un changement physiologique naturel, ce qui traduit une étape d'un arrêt de l'ovulation dû à l'épuisement de tous les follicules primordiaux situés dans les ovaires qui sont près à libérer les ovocytes dans les trompes utérines. C'est l'arrêt définitif des règles, à cause de fin de sécrétion de l'œstrogène. La ménopause est certaine, après l'arrêt des règles durant 12 mois.

I-2-La préménopause:

La période de ménopause est précédée par une autre période appelée “préménopause” ou "périménopause", dans laquelle les activités ovariennes ralentissent et les hormones féminines diminuent. Les cycles menstruels sont vraiment irréguliers ; en premier temps, elles sont raccourcies puis se prolongent en des périodes de plus en plus espacées.

Cette période va jusqu’à 5 ans environ avant l’interruption définitive des règles, elle donne déjà l’apparition de quelques bouffées de chaleur, de la fatigue, une irritabilité ou des troubles de sommeil.

I-3-Ménopause précoce:

La ménopause précoce, atteinte avant 40 ans, atteint 1 à 2% des femmes. Les femmes fumeuses ont une ménopause avancée de 1 à 2 ans, c'est à cause du stock d'ovules qui s'épuise. Donc, la ménopause atteint les femmes entre 50 et 51 ans, et si elle apparaît entre 40 et 45 ans, les savants déduisent que c'est une "ménopause précoce", elle se caractérise par une "insuffisance ovarienne prématurée".

I-3-1-:Les causes de la ménopause précoce:

Il existe beaucoup de causes pour une ménopause précoce ; elle survient après une chirurgie ovarienne, la chimiothérapie ou la radiothérapie. Mais, certaines pathologies peuvent provoquer la ménopause précoce, comme les maladies auto-immunes: exemples; Lupus, maladie de crohn, hypothyroïdie, maladie cœliaque , polyarthrite rhumatoïde...Mais le facteur génétique peut être aussi une bonne cause pour cela.

I-3-2-:Les symptômes de la ménopause précoce:

figure-1-Femme souffrant de troubles de sommeil

Les symptômes de la ménopause, pour la précoce ou pour l'autre, sont divers et nombreux et se trouve que beaucoup de femmes peuvent ne pas les sentir tous, tel que :

-Arrêt de règles pendant une année précédée de troubles du cycle.

-Des troubles de sommeil

-Bouffées de chaleurs

-Troubles de l'humeur.

I-3-3-Les conséquences de la ménopause précoce:

Le manque d'œstrogènes aboutit à des mauvais résultats sur la santé; fragilité osseuse menant à des fractures, et un risque très développé de maladies cardiovasculaires. Ajoutant à ces résultats, la ménopause risque de déclencher un diabète de type 2. D'après une étude américaine annoncée en 2017 dans le journal Diabetologia,les femmes ménopausées entre 40 et 44 ans peuvent développer cette maladie métabolique en la multipliant par 2,4. La ménopause précoce diminue la réalisation du projet parental chez ces femmes c'est à dire

qu'elles enfantent très lentement.

I-3-4 : L'utilité du bilan hormonal et son taux de FSH

Le diagnostic d'une ménopause précoce ; dépend sur les maladies antécédentes et familiales de la femme, d'un bilan hormonal, et biensûr d'une échographie voire d'une coelioscopie. Le bilan hormonal aide à une confirmation d'insuffisance ovarienne prématurée. Chez les femmes en cette ménopause précoce ; " *le taux de l'hormone folliculo stimulante ou FSH est très élevé et celui des œstrogènes est moindre »* D'après le Dr Bagot.

I-3-5:Le traitement d'une ménopause précoce

Le traitement de la ménopause précoce est défini en "u*n traitement hormonal substitutif prescrit en l'absence de contre-indications"* Explique le Dr Bagot. *Le plus souvent, il est administré par voie cutanée (gel ou patch) qu'on associé à un progestatif par voie orale, sauf en cas d'hystérectomie »*. C'est un traitement hormonal qui évite tout problème de santé en relation avec le manque d'œstrogène afin d'être loin des symptômes de la ménopause.

Un grand remerciement au Dr Odile Bagot, gynécologue, auteur "Ménopause, pas de panique !" (Eds.Mango) et du blog Gynéco.

figure-2-

Femme en un age moyen

I-4-Ménopause tardive:

I-4-1:Définition:

La définition de “ménopause tardive” ; est lorsque la femme dépasse l'âge de 55 ans et qu'elle est toujours réglée.Le facteur le plus essentiel; est de la génétique : c'est à dire si la mère ou la grand-mère a connu cette ménopause, la fille vivra probablement ce cas. Mais ce facteur reste toujours rare, alors que le surpoids ou l'obésité provoquent ce genre de

ménopause.

I-4-2-Les symptômes de la ménopause tardive

Les femmes qui ont connu cette ménopause, les signes de préménopause se prolongent chez elles comme (sécheresse vaginale, insomnie...). Elles vivent des cycles irréguliers tel que des règles plus ou moins abondantes, des bouffées de chaleur en une période puis elles disparaissent. Ces femmes peuvent avoir des troubles de l'humeur.

I-4-3 Les avantages de la ménopause tardive

Vue une étude américaine publiée en juillet 2016 selon la revue Ménopause, la femme qui connait une ménopause tardive ; a, la possibilité dans une diminution des risques des maladies cardiovasculaires, et cela revient à l'existence prolongée d'hormones d'œstrogènes qui protègent le système cardiaque. La ménopause tardive a un avantage sur les os et sur l'ostéoporose. "*Plus longtemps une femme a bénéficié d'une imprégnation en œstrogènes, plus tard commence la décalcification. A la clé, c'est moins de risque d'ostéoporose*", précise le Dr Odile Bagot, gynécologue, auteur de "Ménopause pas de panique !" (Eds. Mangot) et du blog "Mam Gynéco."

I-5- Ménopause chez l'homme "L'andropause":

La "ménopause" de l'homme, l'andropause, se manifeste en une diminution de l'hormone de testostérone en relation avec le vieillissement. Les hommes peuvent avoir les mêmes symptômes que les femmes ; ils vivent des troubles sexuels (impuissance ou dysfonction érectile) reliés aux troubles psychologiques (difficultés de concentrations, humeur dépressive...),avec une ostéoporose, une perte de masse musculaire, une prise de poids gynoïde (au niveau des hanches, fesses, cuisses), une diminution de la pilosité et des troubles urinaires en relation à des problèmes prostatiques.

figure-3-Image d'un vieil homme

I-5-1- Les symptômes :

I-5-1-1-Les bouffées de chaleur chez les jeunes gens :

Les bouffées de chaleur qui apparaissent chez les hommes de moins de 45 ans, ne peuvent être que d'origine psychologique : le stress, une crise d'angoisse ou un état anxieux. "La prise de médicament peut aussi être en cause comme les vasodilatateurs prescrits pour dilater les vaisseaux sanguin. (indique le Dr. Pierre Nys, endocrinologue à Paris). Parfois, ainsi qu'une maladie comme une <u>hypothyroïdie</u> ou la brucellose (infection bactérienne). Plus rarement, des maladies hormonales, en particulier hypophysaire, peuvent être diagnostiquées à cette occasion."Ternmine le Dr.Pierre Nys.

figure-4-Ensembles d'hommes (un age moyen)

I-5-1-2-Bouffées de chaleur chez les hommes âgés :

Si ce signe apparaît chez l'homme entre 45 et 65 ans ; donc l'homme vit l'andropause. La cause essentielle à cette affection est la production lente en testostérone, une hormone sexuelle mâle. Contrairement à la ménopause ; l'andropause toucherait que 20% des hommes. “Certains médicaments prescrits dans le cadre d'un cancer de la prostate peuvent être également être la cause”, annonce le Dr. Nys.

I-5-1-3- Les causes

–L'andropause.

–Des troubles anxieux.

–Le stress.

–La prise de médicaments comme les vasodilatateurs, les antagonistes calciques, –ceux contre le cancer de la prostate.

–Une maladie comme l'hyperthyroïdie, la brucellose (infection bactérienne).

I-5-1-4-Remarque médical

Chez les hommes, les bouffées de chaleur sont ressenties identiquement à celles des femmes ; de la sueur, sensation de la chaleur au niveau du visage, du cou et du torse. Des rougeurs peuvent apparaître chez ces hommes. Ces bouffées retentissent subitement et elles sont passagères et surtout pendant la nuit. Lorsqu'elles sont à l'origine de l'andropause, elles se suivent d'autres symptômes, comme des troubles de sommeil et de l'humeur.

- figue -5- Image d'un homme en bouffées de chaleur

I-5-2-Les traitements

Selon les causes:

- Si l'homme possède une andropause, le médecin lui prescrit un traitement hormonal pour établir le manque de testostérone. Mais il n'est pas trop recommandé car il cause le cancer de la prostate.

-Si cet homme souffre de l'hyperthyroïdie, il nécessite un traitement spécifique qui lui fera disparaître ces bouffées.

- En cas de stress ou de crises d'angoisse, le patient peut exercer du sport ou des activités relaxantes. Mais si l'homme se sent toujours souffrant, il se présente devant un psychologue.

figure-6-Iamage d'un homme stressé

I-6-Les changements que subit le corps au cours de la ménopause

I-6-1-Les premiers signes de la ménopause

I-6-1-1-La fatigue est-elle un vrai symptôme de la ménopause ?

"La fatigue ne fait pas partie des signes dits climatériques (signes directs) de la ménopause. Elle peut être une conséquence ou une concomitance, mais pas un signe en tant que tel", dit le Dr Odile Bagot, gynécologue. Au moment où les symptômes de la ménopause se déclarent (bouffées de chaleur, maux de tête, tension mammaire, troubles de sommeil), la fatigue ressentie peut être associée à la ménopause.

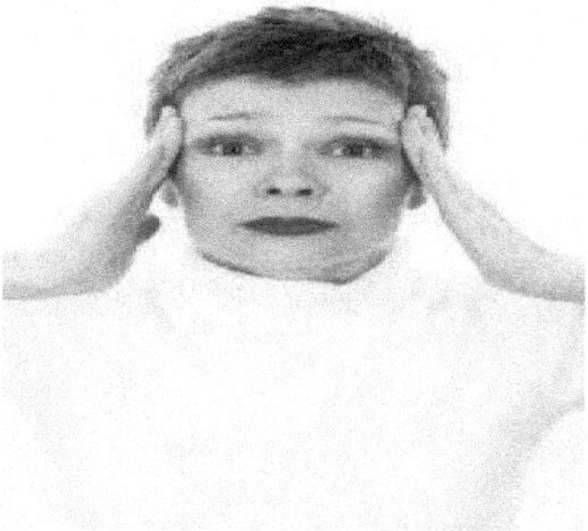

figure-7-Maux de tete

I-6-1-2-Qu'elle est l'origine de cette fatigue ?

-Cette fatigue résulte de différentes raisons :

-Le vieillissement : lorsqu' on avance dans l'âge, aux moindres efforts notre corps est fatigué.

-Les bouffées de chaleur perturbent le sommeil, donc elles ramènent de la fatigue.

-Les perturbations d'humeur causent certaines fatigues.

- Quelques pathologies comme des suites lointaines de chimiothérapie, elles causent une fatigue en une longue durée.

I-6-1-3-Fatigue musculaire à la ménopause

"La *fatigue musculaire ressentie à la ménopause est liée à l'âge : on vieillit, plus la perte de masse musculaire est importante, c'est un phénomène physiologique* "dit la gynécologue. Alors il existe deux facteurs importants dans la composition du muscle : une présence en protéines et acides aminés et une pratique sportive régulière. Bien que la pratique sportive soit moins appliquée dans cet âge. "Concrètement, cela signifie qu'avec l'âge, les protéines, au lieu d'aller vers les muscles, vont être orientées vers les organes vitaux : le cerveau, les poumons, le foie, la rate,le cœur et les reins. Résultat, on va être en déficit de protéines et le catabolisme (perte de muscles) va être supérieur à l'anabolisme (fabrication de muscles)" continue la gynécologue. En effet ; s'il y a moins de muscles, il y aura plus de fatigue musculaire.

figure-8-femme fatiguée

I-6-1-4-Les vertiges:

"Les vertiges ne constituent pas un symptôme spécifique de la ménopause. En revanche, avec la ménopause et l'âge, il est possible d'avoir de l'hypertension qui peut se manifester par des vertiges et des pathologies vasculaires. La ménopause augmente le risque vasculaire, les vaisseaux sont plus rigides, plus étroits, ce qui peut favoriser l'apparition de vertiges", explique la gynécologue.

I-6-2-Les inconvénient de la ménopause

Le manque d'œstrogènes qui mène à la ménopause, fait que les femmes souffrent de certaines pathologies, tel que des maladies cardiovasculaires, l'ostéoporose; en effet, elles sont très faciles à présenter certaines maladies encore comme : cystites, de l'incontinence, des cancers...etc.

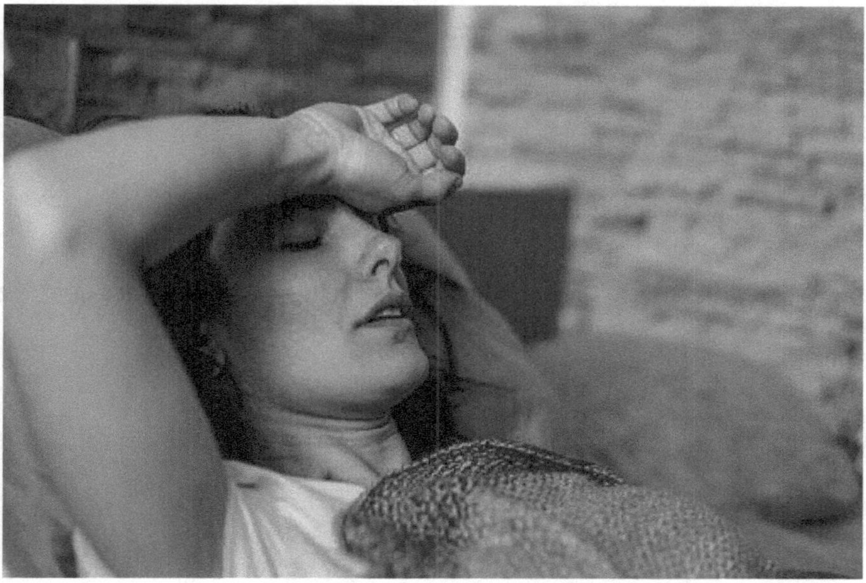

figure-9-Femme malade pendant sa ménopause

Chapitre II :Fin de la ménopause:

II-1-Traitement et prévention

II-1-1- Le traitement hormonal

L'estrogène prévient les troubles qui accompagnent les modifications hormonales après l'arret de la fonction ovarienne et il intervient sur l'ostéoporose.L'estradiol naturel est administré par voie transdermique.

Les estogènes pris en voie orale multiplient le risque de phlébite par quatre et d'embolie pulmonaire.

Le progestatif (progesterone naturelle ou dérivée proche) diminue le risque de cancer de l'utérus.

Letraitement est suivit pendant une durée de 25 jours par mois.

Le traitement hormonal, le THM, est conseilé en cas d'abscence de contre-indicatioins(antécédent de cancer du sein ou d'un AVC):

- aux femmes dont la ménopause entraîne des troubles climatériques qui altèrent la qualité de vie familiale, sociale, professionnelle ;
- aux femmes confrontées au problème de la ménopause précoce (avant 40 ans), si la cause le permet et ce, jusqu'à l'âge de la ménopause naturelle (50 ans environ) ;
- pour prévenir la perte de densité osseuse qui conduit à l'ostéoporose et aux fractures .

Un examen clinique est demandé avant la prescription de cet hormone, tel que une mammographie.Elles doivent êtres sous contrôle au moins une fois par mois en répétant leur bilan sanguin, examen clinique.

II-1-2-Autres médicaments de la ménopause:

Un traitement non hormonal (béta-alanine) est toujours conseillé pour atténuer vos bouffées de chaleurs . En cas de sécheresse vaginale; des hydratants ou lubrifiants aident votre confort sexuel. Des œstrogènes à appliquer localement deux fois par semaine, diminue toute sécheresse vaginale et évite les cystites, envies pressentes d'uriner et les vaginites...

II-2-Préventions

-Mener une vie saine

Pendant la ménopause, les symptomes varient d'une femme à l'autre et certaines d'elles n'utilisent pas de traitement alors il vaut mieux mener une vie saine et suivre ces conseils:

- arret du tabat,
- arret d'alcool
- alimentation naturelle
- activité sportive.

figure-10- femmes en activité sportive.

II-3-Conclusion

Toute sa vie la femme est protégée par ses hormones; vit maintenant sa ménopause, voit le risque cardiovasculaire augmenter, ce risque arrive après la ménopause pour atteindre celui des hommes. le suivit médical est très important pour prévenir le risque cardiovasculaire,donc il faut l'arrêt du tabat, la lutte contre la sédentarité, la correction du surpoids, le traitement de l'hypertension artérielle ainsi que l'hypercholestérolémie...

Ressources:

https:/santé journaldesfemmes.fr

https:/www.ameli.fr

Remarques ....

Remarques ....

Remarques ....